走进
郑州黄河湿地

ZUOJIN ZHENGZHOU
HUANGHE SHIDI

史广敏　主编

中国林业出版社

图书在版编目（CIP）数据

走进郑州黄河湿地／史广敏主编.－北京：中国林业出版社，2010.9
ISBN 978-7-5038-5903-8

I.①走… II.①史… III.①黄河-沼泽化地-自然保护区-概况-郑州市
IV.①S759.992.611

中国版本图书馆CIP数据核字(2010)第164488号

责 任 编 辑　徐小英　杨长峰
设 计 制 作　骐　骥
封 面 设 计　赵　芳

出　　　版　中国林业出版社(100009　北京西城区刘海胡同7号)
　　　　　　　网址：lycb.forestry.gov.cn
　　　　　　　E-mail:forestbook@163.com　电话：(010)83222880
发　　　行　中国林业出版社
制　　　版　北京捷艺轩彩印制版技术有限公司
印　　　刷　河南省瑞光印务股份有限公司
版　　　次　2010年9月第1版
印　　　次　2010年9月第1次
开　　　本　185mm×260mm
照　　　片　约200幅
印　　　张　9
印　　　数　1～5 000册
定　　　价　68.00元

保护黄河湿地
建设生态郑州

丁亥夏 赵学敏

滔滔黄河自天而落，一路长歌，奔腾入海。流经古都郑州，渐趋博大而宽广。母亲河的甘甜乳汁滋润了物华天宝的中原大地，孕育了无数炎黄子孙，奠定了中华民族屹立于世界民族之林的崇高地位。

序 一

　　黄河是中华民族的母亲河。早在远古时期，我们的先民们就在黄河流域活动，黄河中下游地区是中华文明的主要发祥地和摇篮，奠定了中华民族在世界文明古国中的崇高地位。

　　我曾多次到郑州市考察郑州的黄河湿地，郑州黄河湿地给我留下了深刻印象。黄河紧邻郑州市区，这里水域宽阔，滩涂宽广，湿地动植物资源丰富。郑州黄河湿地是我国中部地区河流湿地最具代表性的地区之一，是我国中部地区生物多样性分布最为丰富的地区之一，也是我国候鸟三大通道中重要的中线通道。郑州黄河湿地是典型的河流湿地、城市湿地、文化湿地。

　　众所周知，森林、湿地、海洋并称为地球三大生态系统。湿地是自然界最富生物多样性的生态系统和人类最主要的生存环境之一，湿地与人类的生存、繁衍和发展息息相关，它不仅为人类的生产、生活提供了多种资源，而且具有巨大的环境功能，在保持水源、净化水质、蓄洪防旱、调节气候和维护生物多样性等方面发挥着巨大的生态作用。

　　湿地被誉为"地球之肾"。湿地是人类所需淡水的主要提供地和水资源的"净化器"；湿地也是地球的"贮碳库"和"生物基因库"。湿地所具有的各种功能与国土生态安全密切相关，与维护地球生态平衡息息相关。可以说，没有健康的湿地，就难以维持人类的繁衍生息和文明进步。

党中央、国务院对湿地保护工作高度重视，胡锦涛总书记、温家宝总理就湿地保护工作多次作出重要批示。国家对湿地保护从发展战略、资金投入、工程建设等方面采取了一系列措施，生态文明建设使湿地保护由单一的资源保护上升为生态系统保护。湿地的保护越来越受到各级党委政府的高度重视和全社会的广泛参与、大力支持。

　　郑州黄河湿地保护管理部门抓住了国家高度重视湿地保护这一契机，积极开展湿地保护，大力宣传黄河湿地的生态地位及作用，为提高公众自觉保护黄河湿地的意识，做了许多有益探索。摆在我案头的这本《走进郑州黄河湿地》一书，便是最好的明证。此书图文并茂，详尽介绍了郑州黄河湿地的位置特征、黄河文化和丰富的动植物资源，并开辟了"湿地知识之窗"，形式新颖，为读者认识黄河、了解湿地、保护湿地提供了较为全面的知识。此书对提高公众湿地保护意识，让人们珍惜湿地资源，具有很好的宣传教育作用；此书能帮助人们树立尊重自然的生态道德观和价值观，对提高全民保护生态环境，建设健康湿地，促进人与自然和谐的自觉性具有重要意义。

　　愿此书的出版为黄河湿地文化添上最美新篇章。

赵学敏

2010年5月

序 二

泱泱黄河，落自九天，蜿蜒曲折，横跨神州万里。在祖国的众多江河中，堪称"大"者，唯有黄河。非以水丰，非以流长，概因其与我华夏民族紧密相连之血脉关系。一部黄河史，就是一部炎黄子孙的奋斗史；就是一部华夏民族和中华文明的发展史。在我们的心中，黄河已不再是一条河，她已成为我们民族的象征，已升华为宽容而博爱的亿万炎黄子孙的母亲。

具有3000多年悠久历史的郑州，在黄河流经途中具有独特的区位特征。西瞻昆仑，北承河套而负大漠，东含大海以面朝阳。黄河中游与下游在这里分界，自此而下，黄河由地下河变为地上河，因而被冠以"黄河之都"。

郑州是黄河文化和华夏文明最具代表性的城市，承载着黄河文化之大半。中华文化中古老而重要的河洛文化产生于此，人文始祖轩辕诞生于斯。河洛文化、黄河文化、炎黄文化、嵩岳文化共同构成了古老而源远流长的华夏文明，从而使我国成为世界上五大文明古国之一。

万物源自水，水是维系所有生命之本。科学家在总结人类发展的历史进程中，将森林、海洋、湿地科学地定义为维系地球及地球上一切生命的三大生态体系。湿地在储存淡水、吸碳、缓解调节气候和降解污染等方面具有重大作用。

黄河湿地是我国湿地的重要组成部分，郑州黄河湿地则是最具代表性的地区之一。大量物种，尤其是我国特有物种分布较多；是我国生物多样性分布的关键地区之一；具有重要的生态学价值。郑州黄河湿地位于候鸟迁徙途中我国境内的中心通道，是重要的栖息、觅食地区。

郑州黄河湿地不仅融入和体现了光辉灿烂的中华民族文化和黄河文化，同时也展示了生态文化在现代先进文化体系进程中辉煌的未来。

郑州黄河湿地同森林生态体系一道，共同构成了郑州国土生态安全的重要保障。对郑州市经济社会可持续发展、促进社会和谐发挥着日益重要的支撑保障作用。

郑州黄河湿地省级自然保护区自2004年成立以来，郑州市委、市政府给予了高度重视。从批复编制、成立机构，到拨付资金乃至协调关系都将其置于优先的地位。在郑州市委、市政府的大力支持下，保护区做了大量的建设性工作和抢救性保护工作。虽成立时间不长，但在业界得到了广泛认同，其工作受到了国家林业局高度重视。

然而，我们也清醒地认识到，由于历史的原因，围垦、污染、淤积、乱捕滥猎、过度开发利用等，已给郑州黄河湿地的生态环境造成了无可挽回的损失与伤害。编辑出版此书的目的就在于宣传郑州黄河湿地，使广大人民群众充分认识湿地的重要生态价值，提高生态价值观念和生态道德水平，从而自觉地行动起来，保护郑州黄河湿地。

愿此书能为弘扬黄河文化、建设现代林业生态文化体系发挥其应有作用，对人民群众提高生态文明观念起到应有的宣传教育作用。让我们携手努力，保护母亲河，保护黄河湿地，共同谱写生态文明建设新的华彩乐章。

是为序。

2010年5月12日于郑州

前　言

　　黄河是中华民族的母亲河，她从雪山携带着生命之水，穿越崇山峻岭、千涧万壑，来到古城郑州。黄河中下游以郑州桃花峪为界，在此，黄河由地下河变为地上悬河，形成了规模巨大的黄河冲积扇，而郑州黄河湿地自然保护区就位于冲积扇的脊轴和扇首，从这里开始，黄河尽显"雄、浑、壮、阔、悬"的独特气质和风采，形成了独特的黄河风光。

　　郑州黄河湿地省级自然保护区位于郑州市北部。在行政区域上从西到东分别位于郑州市的巩义市、荥阳市、惠济区、金水区、中牟县，保护区东西长158.5千米，面积36574.1公顷。保护区湿地生态系统类型多样，动植物资源丰富，有维管束植物80科284属598种，陆生野生脊椎动物218种，其中兽类21种、鸟类169种、两栖爬行类28种，是郑州生物多样性的富集地、重要的水源地和生态屏障。

　　2004年11月，经河南省人民政府批复，郑州黄河湿地省级自然保护区成立。2006年3月，郑州市政府成立了郑州黄河湿地自然保护区管理中心。

　　郑州市委、市政府高度重视湿地自然保护区建设。2007年12月，郑州市委、市政府把黄河湿地保护作为打造生态郑州，建设生态文明的重要任务，与森林生态城、生态水系并列为生态郑州建设的三大工程。2008年5月，郑州市人民政府第175号政府令通过了《郑州黄河湿地自然保护区管理办法》，并于当年8月1日起实施。

　　为迎接第二届中国绿化博览会召开，展示郑州生态建设巨大成就和郑州黄河湿地的宝贵资源，利用第二届绿博会在郑州市举办的有利时机，采用图文并茂，知识与科普相结合的方式，编写了这本《走进郑州黄河湿地》，愿将此书作为一份特殊礼物献给第二届绿博会。

此书策划筹备历时三年，实施于2009年，共分黄河与黄河文化、郑州黄河湿地概况、多样的动植物资源和保护与建设四个篇章，通过介绍湿地知识，展示郑州黄河湿地自然风貌、历史文化和珍贵资源，进一步宣传郑州、宣传生态、宣传黄河湿地，提高知名度，动员更多力量加入到生态建设、保护珍贵的黄河湿地的队伍中来。

　　全国政协委员、国家林业局原副局长、中国野生动植物保护协会会长赵学敏和郑州市林业局党委书记、局长史广敏两位领导对本书的编印出版给予了极大关注和支持，并于百忙中为本书写序，给予我们极大鼓舞，我们深表敬意与谢忱。编写过程中，还得到了郑州大学路纪琪教授、河南农业大学朱长山教授等专家的无私帮助，我们在此深表感谢。

编　者

2010年5月12日

目 录

第一篇
黄河与黄河文化

历史的积淀，成就了这一片水草丰美的郑州黄河湿地。
这是黄河母亲留给这方热土的宝贵财富，是天赐的自然瑰宝，是珍存的和谐之地。

第一章 | 黄 河

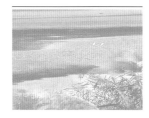

君不见黄河之水天上来，奔流到海不复回。

黄河，中国第二大河，发源于青藏高原巴颜喀拉山北麓。越过青海、甘肃两省的崇山峻岭；穿行宁夏、内蒙古的河套平原；奔腾于山西、陕西之间的高山深谷；破"龙门"而出，在西岳华山脚下放歌东去，越河南、山东，流经9个省、自治区而入渤海。

黄河沿途汇集了40多条主要支流和1000多条溪川，干流全长5464千米，水面落差4480米。从源头到内蒙古托克托县河口镇为上游，长3472千米；其下至河南孟津间为中游，长1206千米；郑州桃花峪以下为下游，长786千米。因黄河中上游河段和支流流经区域有黄土高原、沙漠和水土流失严重地区，带入大量泥沙，使黄河成为世界上含沙量最多的河流。最大年输沙量达39.1亿吨，最高含沙量920千克／立方米。

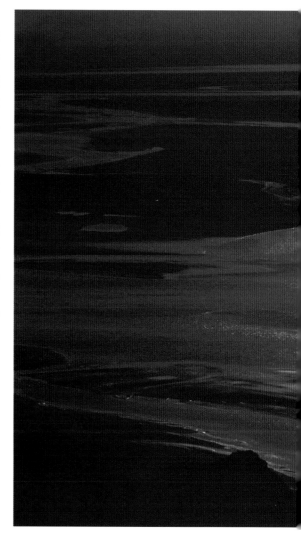

  黄河既是一条源远流长、波澜壮阔的自然河、又是一条孕育了中华民族亿万炎黄子孙的母亲河。黄河流域，尤其是在黄河中下游一带，四季分明，水文条件优越，有利于各种植物和农作物生长，适应人类生存发展，因而这里成为了光辉灿烂的中华民族文明主要发祥地。早在远古时期，当世界各地都还处于蒙昧混沌的时候，我们勤劳勇敢的祖先就生活、奋斗和繁衍在黄河流域。150万年前的西候度猿人、100万年前的蓝田猿人、30万年前的大荔猿人、20万年前的山西丁村人、5万年前的河套人、3万年前的大沟湾晚期智人，以及这一时期传说中的燧人氏、有巢氏等都在这条母亲河流域生存和发展。中国历史上的黄帝、颛顼、帝喾、唐尧、虞舜等五帝以及太昊、少昊，其部落的活动都在这里；中国文明初始阶段的夏、商、周三代以及后来的秦、汉、隋、唐、宋等强大的统一王朝，都建于此。反映中华民族智慧的许多古代经典文化著作，标志古代文明的科学技术、发明创造、建筑艺术等也同样产生在黄河流域。

老人与牛

黄河母亲像

湿地

《湿地公约》将湿地定义为"湿地系指天然或人工、长久或暂时的沼泽地、泥炭地或水域地带、静止或流动、淡水、半咸水、咸水体，包括低潮时水深不超过6米的水域"。

《湿地公约》

1971年2月3日，由18个缔约国在伊朗拉姆萨尔签订了《关于特别作为水禽栖息地的国际重要湿地公约》，简称《湿地公约》，是全球唯一的针对单一生态系统保护的政府间公约。我国于1992年正式加入该公约。

晚霞（赵晓辉）

天堑通途（李晓鸣）

第二章 | 灿烂文明

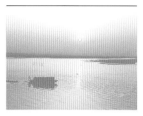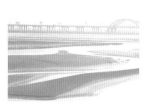

镇河将军像

绿染两岸

黄河以她宽厚博大的胸怀和包容性闻名于世，造就了中华民族的精神和品格，孕育了光辉灿烂的中华文明。黄河文化正是融入了这些文化元素，发展成为其庞大的文化体系。在历史的发展过程中，有些已成历史遗存，而有些则光辉依旧，成为我们民族文化的精髓。

花园口黄河大堤

河洛会流

一、河洛文化

河洛文化指的是中国古代河洛地区的文化。河洛地区指黄河中游潼关至郑州段的南岸，洛河、伊河及嵩山的颍河等地，概言之就是今天河南省的西部地区。河洛地区南为外方山、伏牛山山脉，北为黄河，西为秦岭与关中平原，东为豫东大平原。北通幽燕，南达江淮，雄踞于中原，为"天下之中"，即所谓"中国"。 河图洛书是中华文明之始。《易经·系辞》上说："河出图，洛出书，圣人则之。"《论语》上讲："凤鸟不至，河不出图。"《竹书纪年》里讲："黄帝在河洛修坛沉璧，受龙图龟书。"

太极图的来源和出处就是黄河与洛河交汇处的自然现象，这是因为太极图很像是黄河与洛河在这里交汇形成的两个颜色不同且旋转方向相反的漩涡，犹如阴阳两条鱼，虽方向相反然又浑然归为一元。通过这个自然现象触发灵感，人祖伏羲才创造出太极和八卦。

洛河朝霞

洛河新貌

　　先民们创造的河洛文化以中原文化为代表,是黄河文化的核心内容和重要组成部分,是中华文明的摇篮文化,在中国古代文化史上占有十分重要的地位。

黄河文化

二、炎黄文化

炎黄文化是中华民族的根文化。大约在4000多年前，黄河中下游流域内形成了众多的氏族部落，其中以炎帝、黄帝两大部族最强大。

黄帝时期，有许多发明创造。制定天文星宿，创造文字，制造舟车，厘定律吕，研制医药，制造器物，修建宫室，繁养禽畜，播种五谷，开创了农耕时代。其夫人嫘祖，首创种桑养蚕之法，抽丝织绢之术，在野蚕家养的变化中，嫘祖织绸制衣，对人类从愚昧走向文明做出了重大贡献。

全世界数十亿华人同尊炎黄二帝为中华人文始祖，共认炎黄文化是中华民族的根文化。中华民族能有如此巨大的凝聚力，就在于炎黄文化是中华民族精神的象征。华夏民族古老而深厚的文化精髓使我们无比自豪，傲立于世界民族之林。

第二篇

郑州黄河湿地概况

无论是四季常在的留鸟，还是迁徙路过的候鸟，
这里都是其温暖的天堂。或栖息，或觅食，或繁殖，
郑州黄河湿地都以其宽广的胸怀，热情欢迎。

第三章 | 自然概况

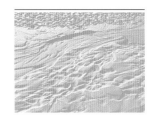   

一、位置范围

河南郑州黄河湿地省级自然保护区位于郑州市北部。地理坐标在北纬 34°48′~35°00′，东经 112°48′~114°14′之间。属黄河的中下游地区，其中巩义、荥阳段属黄河中游地区，惠济、金水、中牟段属黄河下游地区。保护区长 158.5 千米，跨度 23 千米，总面积 36574.1 公顷。保护区北临焦作市的孟州市、温县、武陟县和新乡市的原阳县，西接洛阳市的偃师市，东靠开封市的郊区，南沿郑州市的巩义市、荥阳市、惠济区、金水区、中牟县。

郑州黄河湿地省级自然保护区卫星图

河南省郑州黄河湿地省级

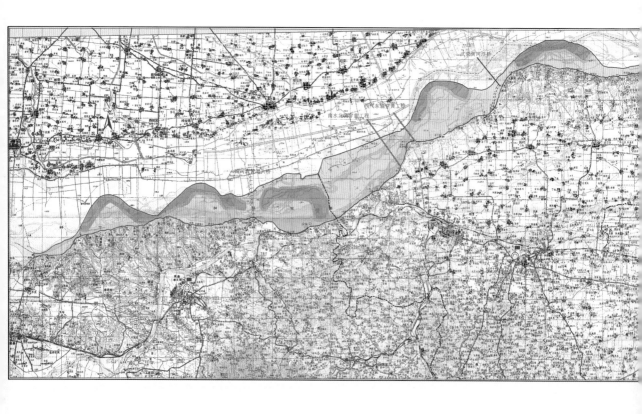

自然保护区功能规划图

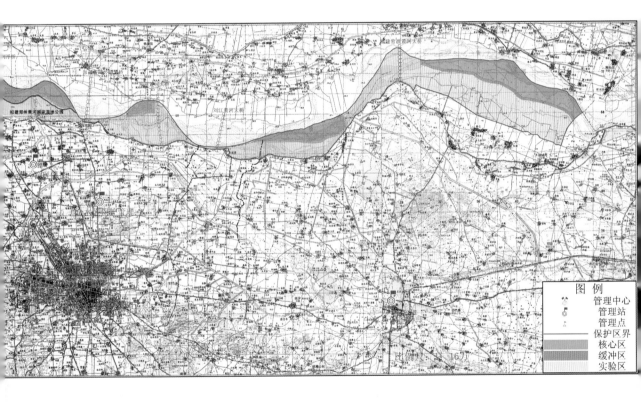

图　例

| 管理中心 |
| 管理站 |
| 管理点 |
| 保护区界 |
| 核心区 |
| 缓冲区 |
| 实验区 |

二、地质地貌

　　黄河由西向东流出山地丘陵后，进入广阔坦荡的黄河中下游冲积平原，携带巨量泥沙在平原地区形成了规模巨大的黄河冲击扇，地势向东北、东、东南三个方向倾斜，本区河道位于黄河冲击扇的脊轴，在人工大堤的约束下又形成著名的"地上悬河"，河床一般高出堤外平地3～5米，部分地段高出9～10米，成为奇特的河道式分水岭。两岸堤距5～10千米，河槽宽1～3千米，河床经过多年冲刷、淤积，形成了宏观地貌平坦，微观地形复杂多变的特点。主要地形有主河槽、河沟（汊河）、滩地、洼地、河堤等。

　　根据2007年黄河花园口站实测Cs34大断面图分析，黄河滩地根据不同流量、水淹状况分为三级：一级滩地为"嫩滩"，在中常水位时即过水；二级滩地高出一级滩地1.5米左右，又称为"二滩"，在超过1000个流量时开始局部过水；三级滩地高出二级滩地2.5～4.0米，成为"老滩"，一般不过水（见郑州黄河湿地省级自然保护区地形剖面图）。堤内海拔在65～99米之间。

郑州黄河湿地省级自然保护区地形剖面图

湿地功能

湿地为人类的生产、生活提供多种资源，湿地所具有的供给功能、调节功能、支持功能和文化功能，都与国家生态安全和经济社会可持续发展息息相关，支撑着人类社会的健康发展。

桃花峪黄河（温红建）

黄河大堤

郑州黄河湿地省级自然保护区位于华北断块区的华北平原断块拗陷亚区的济源－开封坳陷构造单元内，为稳定性较差区域。该区的地震动峰值加速度为0.15g（相应的地震基本烈度为Ⅶ度），地震动反应谱特征周期为0.35s。

湿地的气候调节功能

湿地水分通过蒸发成为水蒸气，然后以降水的形式降到周围地区，以保持当地的湿度和降水量。

三、气　候

郑州黄河湿地省级自然保护区属暖温带大陆性季风气候。在季风影响下,春季干燥多风,夏季炎热多雨,秋季凉爽,冬季干寒;冬夏季长,春秋季短,四季分明。光、热、水资源比较丰富,气候温和,雨热同期,有利于多种植物生长。年平均气温14.2℃,最冷月份为1月,月平均气温-3℃,极端最低气温-17.9℃;最热月份为7月,月平均气温27.3℃,极端最高气温43℃。年平均日照为2366小时,6月份日照时数最长为265.6小时,2月份最少为167.9小时,年平均日照百分率为56%。年平均无霜期227天。

春

夏

秋

　　保护区内1986~2007年年平均降水量为
499.1毫米（花园口水文站），最大年降水量为
730.3毫米（2003年）。降水多集中在6~9月，
年平均降水天数82.3天，年平均蒸发量1664.2
毫米，冬季蒸发量为降水量的8倍，6月蒸发量
为降水量的42倍。年平均相对湿度为68%，湿
度最大的是8月，平均为81%，最小的是1月，
平均为61%；年平均风速2.5米／秒，基本风压
为40千克／平方米，在冬、春季，东北风、西
北风盛行。由于降水量年际变化大，季节分布不
均，易发生水、旱、风、雹等灾害性天气。

冬

四、土　壤

　　保护区内土壤系黄河泥沙多年淤积发育而成,在其漫长的发育过程中,受各种自然成土因素以及人为活动的深刻影响,致使土壤类型复杂,分布区变化较多。主要有潮土类的脱潮土亚类和黄潮土亚类,也有少部分风沙土和盐碱土分布。土壤分布有很强的规律性,由于河流的分选作用,由河槽至两岸土壤沙质化程度逐渐降低,土壤肥力逐渐提高。老滩和二滩多分布重壤土、沙壤土和沙土,亦有部分淤土,嫩滩以淤土和沙土为主,在低洼地有少量盐碱土分布。区内土壤分布规律是:从河道中心线由北向南,河漫滩→槽形凹地(盐碱土)→砂丘(砂土)→平地(两合土,淤土)→碟形凹地(盐碱土)→平地(两合土,淤土)。

黄河泥沙淤积图（老滩）

黄河泥沙淤积图（嫩滩）

黄河泥沙淤积图

湿地的生态功能

调节径流、蓄洪防旱、调节气候、净化污水、防浪促淤、保护生物遗传多样性、物质循环、能量流动等。据美国科学家研究，每公顷湿地生态系统每年创造的价值在4000～14000美元以上，分别是热带雨林和农田系统的2～7倍和45～160倍。

湿地的经济功能

为人类直接或间接提供动植物产品、土地资源、能量来源、矿物资源、水运资源等。

湿地的社会功能

为人类提供接近自然的生态旅游场所，提供进行生物多样性研究、科普教育活动的场所和基地。

五、水 文

郑州段黄河为游荡性宽浅河道,位于黄河中游下段和下游上段。保护区内黄河河道总长158.5千米,比降为1/5525。本段汇入黄河的主要支流南面有伊洛河(巩义)、汜水河(荥阳),北面主要有沁河、新蟒河。本段黄河河床宽浅,沙洲密布,汊河较多,冲淤剧烈,主流摆动幅度很大,属典型的游荡性河段,洪水多发性地段。自2002年小浪底水库运行以来,黄河郑州段的水文特征发生了重大变化,多年平均最高流量为3563立方米/秒,年最低流量为207立方米/秒,最高水位93.18米,最低水位90.64米。

黄河以泥沙含量高而闻名于世,其含沙量居世界各大河之冠。据计算,

黄河从中游带下的泥沙每年约有16亿吨之多，如果把这些泥沙堆成1米高、1米宽的土墙，可以绕地球赤道27圈，故有"一碗水半碗泥"的说法。保护区内黄河段的多年年平均输沙量为9.41亿吨，最大年径流量为27.3亿吨（1958年）。小浪底水库建成后，年输沙量在0.7亿～5.3亿吨之间。据郑州花园口水文站测得数据，多年平均输沙量9.41亿吨，年均含沙量35千克／立方米。

黄河泥沙量的90%以上来自中游，其中河口镇至龙门区间，流域面积只有11万平方千米，区间径流仅73亿立方米，占花园口水文站径流量的13%，区间年输沙量最高达9亿多吨，占全河年总输沙量的56%左右。

六、历史沿革

黄河中下游分界碑

郑州河段位于黄河中游下界和下游上首的南岸，黄河自巩义市杨沟入郑州辖区，在中牟县东狼村东入开封市境内，河道全长158.5千米，境内河道宽5~10千米。桃花峪以上属中游，系禹王故道，距今有4000余年的历史，其南岸为邙山天然屏障，北岸为清风岭黄土高坎；桃花峪以下属下游，系明清故道，距今有500余年的历史，该河段全靠堤防约束。郑州黄河堤防长71.42千米，堤防设计防洪标准为花园口站22000立方米/秒。郑州黄河堤防始建于清康熙二十一年（1682年），距今已有300多年的历史。郑州辖区共有11处险工，河段险工历史悠久，兴建较早，杨桥险工始建于1661年，马渡险工始建于1722年。

花园口镇河铁犀

黄河花园口险工段

花园口扒口处西界碑

第四章 | 保护区概况

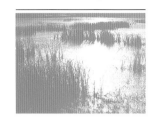

一、湿地类型及面积

中华人民共和国成立初期，在黄河下游实行"宽河固堤"的治黄方针，使黄河形成两岸最宽50千米的河道，发育了典型的河流湿地生态系统。

根据郑州黄河湿地自然保护区的现状、《湿地公约》分类系统以及《全国湿地资源调查与监测技术规程》，确定了郑州黄河湿地分类框架，共分为3大类3个型，即河流湿地、沼泽湿地和人工湿地，其中沼泽湿地又分为草本沼泽湿地和柽柳灌丛沼泽湿地，人工湿地主要为鱼塘。

人工湿地

人工湿地

通过模拟天然湿地的结果与功能，选择一定的地理位置与地形，人为设计的湿地。

湿地自净功能

湿地生态系统是自净能力最强的生态系统之一，芦苇对硒、铁、锰、铝等的净化能力分别为96%、92%、94%和80%。

地下水污染

指人类活动引起地下水化学成分、物理性质和生物学特性发生改变而使质量下降的现象。

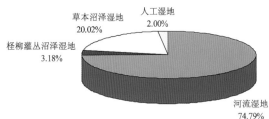

郑州黄河湿地省级自然保护区湿地面积及其比例饼状图

保护区现有的湿地总面积为15196.84公顷，占保护区总面积的41.55%。其中河流湿地面积为11366.47公顷，占保护区总面积的31.08%，占保护区湿地总面积的74.79%；草本沼泽湿地面积为3042.83公顷，占湿地总面积的20.02%；柽柳灌丛沼泽湿地面积为483.73公顷，占湿地总面积的3.18%；人工湿地面积为303.81公顷，占保护区湿地总面积的2.00%。

湿地退化

是自然环境变化和人类不合理利用导致的湿地生态系统结构破坏、功能衰退、生物多样性降低、生产力下降等一系列生态环境恶化的现象。

湿地恢复

指通过生态技术对退化或消失的湿地进行修复、重建,再现湿地被干扰前的结构和功能,及相关的物理、化学、生物学特征,使其发挥应有的作用。

河流湿地

二、湿地成因及特点

就一般湿地而言，水分是其形成、发展的主要因素。但对郑州黄河湿地来说，其形成、变化是自然因素（水沙条件）与人类干预（河道治理、水沙调控、修筑生产堤等）共同作用的结果。黄河自桃花峪以下进入平原，河宽流缓，泥沙淤积。为防御大洪水，沿河修筑了防洪大堤，黄河两岸堤距从几千米到几十千米不等，在堤防等边界条件的约束下，沿河形成了大量的滩地。黄河主河道在宽阔的滩地上南北蛇形滚动，成为典型的游荡型河道。由于主河道的游荡滚动及汛期漫滩，造成黄河滩涂此起彼伏，水流分支在河床中留下许多夹河滩，一些低洼地常年积水，因此在耕地与河道水域之间的过渡地带，土壤常年处于过湿状态。这种状态改变了土壤通气状况，抑制了土壤中生物的生命活动，破坏了土壤、大气、植物之间正常的物质交换，在缺氧条件下土壤中矿物质的潜育化过程和有机质的泥炭化过程中，形成了特殊的郑州黄河湿地。

冬季的柽柳灌草湿地

郑州黄河湿地特殊的成因使其具有以下几个特点：

（1）不稳定性。由于黄河主河道游荡多变，尚未得到有效控制，同时还有遭遇大洪水的可能，因此郑州黄河湿地也时有变化，一些湿地也可能因生产堤的修建被农民改造为耕地；在"人造洪峰"的作用下，也能形成一些新的湿地。

（2）原生性。自然洪水漫滩或"人造洪峰"调水调沙，都会使黄河携带的大量泥沙淤积在两岸滩地，因此黄河湿地大多处于湿地发展的初期阶段，土壤潜育化程度较低，土壤有机质

因调泥调沙形成的新生湿地

积累不多的状况明显区别于典型的湿地水文生态系统。

（3）生态环境的脆弱性。特殊的成因使郑州黄河湿地的生态环境较为脆弱，同时由于20多年来下游洪水频次大幅度减小，量级越来越小，因此滩地利用越来越多，使得郑州黄河湿地保护工作面临极大的挑战。

（4）水生植物贫乏。郑州黄河湿地水生植物较为贫乏，这是由于黄河水含沙量较高及郑州黄河湿地的不稳定性所决定的。

第三篇

多样的动植物资源

苇、荻、蒲是湿地之娇物，它们肩并肩、背靠背、层层叠叠，一望无垠。
夏天，芦苇荡是鸟类最快乐的游弋觅食场；
金秋，荻花漫天，如瑞雪普降，天、地、水融为一体，蔚为壮观。

第五章 | 动物资源

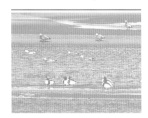   

一、动物资源概述

在动物地理区划中，郑州黄河湿地省级自然保护区地处古北界华北区黄淮平原亚区华北平原省与淮北平原省交界区域，动物类群为平原农田、林灌草地动物群和农田、林灌、草地、湖泽动物群，保护区西部区域为华北区黄土高原亚区晋南－渭河－伏牛省林灌、农田动物群。保护区内动物生境以河流、滩涂、草地、林灌和农田为主，由于沿黄河区域人类活动、农业开发历史非常悠久，适应于次生林灌、田野生活的森林动物群已被适应于农耕环境的种类，如地栖穴居小兽等替代，且由于气候的夏热冬寒，动物群的组成和生态习性的季节性变化非常明显。

生物圈
由各种生物和它们的生活环境所组成的、环绕地球表面的这一薄层叫做生物圈。

我国湿地生物
我国湿地植物有2760余种，其中湿地高等植物156科、437属、1380多种。我国湿地动物有1500种左右，其中鱼类约1040种。

生物多样性
生物多样性指的是地球上生物圈中所有的生物，即动物、植物、微生物，以及它们所拥有的基因和生存环境。

大鸨

夜鹭

郑州黄河湿地省级自然保护区的生物多样性主要表现在生境类型多样和野生动植物资源比较丰富。黄河进入黄淮平原后，形成了大面积的湿地，由于河水泥沙含量大，淤积、冲刷、决溢、改道不断发生。这些因素的共同作用形成了该区生境类型多样的特点，野生动物较丰富。据调查，郑州黄河湿地有陆生野生脊椎动物218种，其中鸟类169种、兽类21种、两栖类11种、爬行类17种；此外还有鱼类34种和昆虫426种。

大黄赤蜻

玉带凤蝶

蛱蝶

白粉蝶

两栖动物

是湿地动物的重要类群，由鱼类进化而来，是脊椎动物由水生到陆生的一个过渡类群。因身体需要的能量很少，又常被称为"冷血动物"。

中国湿地动物

已记录的中国湿地哺乳动物、鸟类、爬行动物、两栖动物有720余种，鱼类1040种，还包括甲壳动物、虾类、贝类等。——《中国湿地百科全书》

鳝鱼

黄河甲鱼

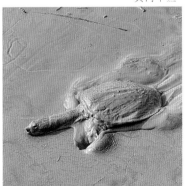

中华大蟾蜍

郑州黄河湿地省级自然保护区内国家一级重点保护动物有大鸨 *Otis tarda*、东方白鹳 *Ciconia boyciana*、黑鹳 *Ciconia nigra*、白头鹤 *Grus monacha*、白鹤 *Grus leucogeranus*、猎隼 *Falco cherrug* 等10种，国家二级重点保护动物有灰鹤 *Grus grus*、大天鹅 *Cygnus cygnus*、小天鹅 *Cygnus columbianus*、白琵鹭 *Platalea leucorodia*、斑嘴鹈鹕 *Pelecanus philippensis*、鹗 *Pandion haliaetus*、游隼 *Falco peregrinus*、红隼 *Falco tinnunculus*、长耳鸮 *Asio otus*、短耳鸮 *Asio flammeus* 等33种。属《中日候鸟保护协定》中保护的鸟类有79种；属《中澳候鸟保护协定》中保护的鸟类有23种。

雉鸡

夜鹭

水鸟的类型
根据居留型可分为夏候鸟、冬候鸟、留鸟和旅鸟4类。

旅鸟
夏季在某一地区繁殖，冬季在另一地区越冬，在春秋季规律性地从某地路过的鸟称为旅鸟。

留鸟
终年居留在某地，一年四季不发生迁徙的鸟类为留鸟。

普通翠鸟

夜鹭

白额燕鸥

黄苇鳽

豆燕

喜鹊

山斑鸠

灰头麦鸡

苍鹭

黑水鸡

珠颈斑鸠

三道眉草鹀

阿穆尔隼

    郑州黄河湿地省级自然保护区位于我国动物区系的古北界区域,古北界物种120种,占陆生脊椎野生动物的55.04%,达到脊椎动物种类的一半以上,充分体现了保护区所处的地理分布区的特点;同时,由于保护区接近古北界南端,东洋界和古北界共有分布的65种,占保护区陆生脊椎野生动物的29.82%;而东洋界部分物种同样也渗透分布于保护区,表现为东洋界物种在保护区也有33种分布,占保护区陆生脊椎野生动物的15.14%。

夏候鸟
夏季在某地繁殖,秋季到较温暖的地区越冬的鸟称为夏候鸟。

冬候鸟
冬季飞来越冬,夏季离开繁殖的鸟称为冬候鸟。

二、主要候鸟

在169种鸟类中，广布种鸟类50种，古北种鸟类102种，占60.4%，东洋种为17种 。在本地繁殖的鸟类有84种（包括留鸟和夏候鸟）， 而非繁殖鸟（包括冬候鸟和旅鸟）有85种。在84种繁殖鸟中，古北界种鸟类34种， 东洋种鸟类14种， 广布种鸟类36种。鸟类区系组成以古北种占优势，其次是广布种，东洋种比例最小。

保护区鸟类组成的最大特点是候鸟占有较大比重。在169种鸟类中，其中留鸟有42种，候鸟127种。在候鸟中夏候鸟42种，冬候鸟47种， 旅鸟38种。

中国候鸟迁徙图

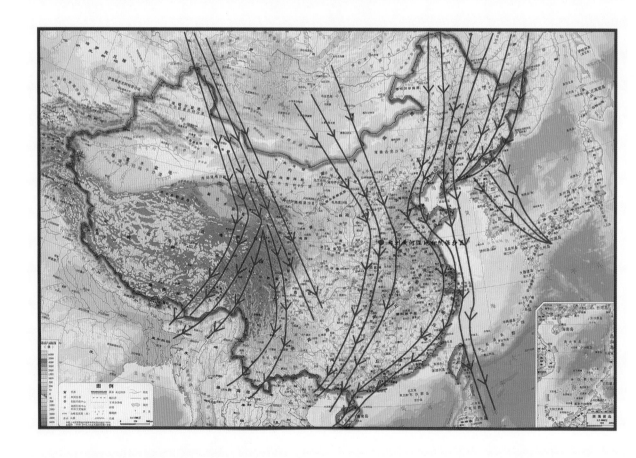

大天鹅(熊林春)

灰鹤

鸟

脊椎动物的一类，温血卵生，用肺呼吸，几乎全身有羽毛，后肢能行走，前肢变为翅，大多数能飞。

鸟类迁徙

鸟类的迁徙是指鸟类种群在其夏天繁殖区和越冬区之间所进行的一种大规模的、有规律的、广泛的和季节性的运动。东亚澳大利亚迁徙路线的候鸟有250种、总数5000万只，途经22个国家，每年3月份北迁，5月到阿拉斯加，飞行17000千米。

我国湿地水鸟迁徙路线

第一条是从阿拉斯加到西太平洋群岛，经过我国东部沿海省份。第二条是从西伯利亚到澳大利亚，经过我国中部省份。第三条是从中亚各国到印度半岛北部，经过我国青藏高原等西部地区。

灰鹤

普通鸬鹚

雁形目

　　郑州黄河湿地是雁鸭类的主要越冬地之一，越冬雁鸭类数量众多，种类丰富。主要有大天鹅 *Cygnus cygnus*、小天鹅 *Cygnus columbianus*、灰雁 *Anser anser*、豆雁 *Anser fabalis*、赤麻鸭 *Tadorna ferruginea*、绿头鸭 *Anas platyrhynchos*、绿翅鸭 *Anas crecca*、斑嘴鸭 *Anas poecilorhyncha*、针尾鸭 *Anas acuta*、白秋沙鸭 *Mergellus albellus*、普通秋沙鸭 *Mergus merganser* 等，其中，以豆雁种群最大，常见近万只越冬种群。大天鹅、小天鹅也可常见百只左右大群。

赤麻鸭

豆雁

斑嘴鸭

大天鹅（熊林春）

绿头鸭

小天鹅

鹤形目

　　鹤科：郑州黄河湿地水域辽阔，滩涂广布，食物来源丰富，非常适合鹤类栖息。保护区内分布的鹤类有白头鹤 *Grus monacha*、白枕鹤 *Grus vipio*、灰鹤 *Grus grus* 3 种，其中以灰鹤为主，常年可见 1000 只以上越冬种群，白头鹤、白枕鹤有少量分布，常与灰鹤混群栖息。

灰鹤

灰鹤

鸨科：郑州黄河湿地是我国重要的大鸨 *Otis tarda* 越冬地，2007～2010年之间，共观测到大鸨58群次，其中最大种群96只。大鸨在郑州黄河湿地的越冬时间和越冬地点都非常稳定，每年10月底到翌年4月初，保护区内均有大鸨分布。

大鸨

大鸨

大鸨

鹳形目

　　鹳科：郑州黄河湿地鹳科鸟类有黑鹳 *Ciconia nigra*、东方白鹳 *Ciconia boyciana* 两种，均较罕见，仅在冬季有少量分布。

黑鹳

白琵鹭

鹮科：郑州黄河湿地鹮科鸟类仅有白琵鹭 *Platalea leucorodia* 1种，保护区全境可见越冬种群，分布较广，但数量不大，常以10只左右小群活动，多与鹭类混群。

白琵鹭

鹭科：郑州黄河湿地栖息的鹭科鸟类种类繁多，主要有大白鹭 *Casmerodius albus*、白鹭 *Egretta garzetta*、牛背鹭 *Bubulcus ibis*、苍鹭 *Ardea cinerea*、池鹭 *Ardeola bacchus*、夜鹭 *Nycticorax nycticorax* 等。其中，白鹭、夜鹭等在保护区内有稳定的繁殖地。

大白鹭

池鹭

夜鹭

苍鹭

小白鹭

白鹭

牛背鹭

鸻鹬类：鸻鹬类在郑州黄河湿地是夏候鸟，主要有白腰草鹬*Tringa ochropus*、林鹬*Tringa glareola*、矶鹬*Actitis hypoleucos*、青脚鹬*Tringa nebularia*、鹤鹬*Tringa erythropus*、大沙锥*Gallinago megala*、凤头麦鸡*Vanellus vanellus*、灰头麦鸡*Vanellus cinereus*、黑翅长脚鹬*Himantopus himantopus*、金眶鸻*Charadrius dubius*、环颈鸻*Charadrius alexandrinus* 11种。

金眶鸻

灰头麦鸡

燕鸻

鹤鹬

黑翅长脚鹬

黑翅长脚鹬

银鸥

银鸥

白额燕鸥

白额燕鸥

普通燕鸥

鸥科：郑州黄河湿地位于我国三大候鸟迁徙通道中线通道上的中心区域，是银鸥 *Larus argentatus*、普通燕鸥 *Sterna hirundo*、白额燕鸥 *Sterna albifrons*、须浮鸥 *Chlidonias hybrida*、红嘴鸥 *Larus ridibundus* 等各种鸥类迁徙途中的重要停歇地。

鹗

　　猛禽类：郑州黄河湿地有大量猛禽分布，其中鹰科猛禽有鹗 *Pandion haliaetus*、普通鵟 *Buteo buteo*、大鵟 *Buteo hemilasius*、鹊鹞 *Circus melanoleucos*、白尾鹞 *Circus cyaneus* 5 种。隼科有猎隼 *Falco cherrug*、红隼 *Falco tinnunculus*、阿穆尔隼 *Falco amurebsis* 3 种。鸱鸮科有长耳鸮 *Asio otus*、短耳鸮 *Asio flammeus*、纵纹腹小鸮 *Athene noctua* 3 种。

鹗

第六章 | 重要鸟种

大鸨 *Otis tarda*

　　大鸨又名地鵏。雄鸟体长为75～105厘米，两翼展开达2米以上，体重为10～15千克，是世界上最大的飞行鸟类，我国一级重点保护动物。大鸨体形粗壮，颈长而粗，腿粗而强，脚上有3个粗大的趾，很适于奔走，雄鸟下颏的两侧还生有细长而突出的白色羽簇，状如胡须。

　　大鸨现存总数估计在29700只左右。在我国的种群数量曾相当丰富，但近年来数量已经变得相当稀少，估计目前总数仅有1800～2700只。郑州黄河湿地省级自然保护区内大鸨越冬种群数量稳定，常见几十只的大群，目前保护区内发现的最大种群为96只。

东方白鹳 *Ciconia boyciana*

　　大型涉禽，国家一级保护动物，属世界濒危物种，全世界数量不超过3000只。栖息于开阔原野及森林，一般每年4~6月份在我国东北繁殖，9月末开始离开繁殖地往南迁徙，在长江中下游湖泊越冬。东方白鹳体态优美，体长为110~128厘米，体重3.9~4.5千克。长而粗壮的嘴十分坚硬，呈黑色，仅基部缀有淡紫色或深红色。嘴的基部较厚，往尖端逐渐变细，并且略微向上翘。眼睛周围、眼先和喉部的裸露皮肤都是朱红色，眼睛内的虹膜为粉红色，外圈为黑色。身体上的羽毛主要为纯白色。翅膀宽而长，上面的大覆羽、初级覆羽、初级飞羽和次级飞羽均为黑色，并具有绿色或紫色的光泽。

　　郑州黄河湿地并非其主要越冬地，但2008~2010年冬季（1月中旬），有多次记录。

水鸟
生态上依赖于湿地的鸟类。
——《湿地公约》

中国湿地水鸟
中国分布有湿地水鸟262种，其中潜鸟目4种，鹈鹕目5种，鹳形目8种，鹤形目34种，红鹳目1种，雁形目50种，鹤形目28种，鸻形目121种，佛法僧目11种。——《湿地中国（湿地百科课题组）》

黑鹳

白头鹤

黑鹳 *Ciconia nigra*

大型涉禽，国家一级保护动物，世界濒危物种。全长约100厘米。上体从头至尾包括翼羽呈黑褐色，有金属紫绿色光，颏、喉至上胸为黑褐色，下体余部纯白色。虹膜为褐色或黑色，嘴、围眼裸区、腿及脚均朱红色。幼鸟的头、颈及上胸均为褐色，颈及上胸羽端棕褐色，呈斑点状，翼羽及尾微缀以淡棕色，胸腹中央微沾棕色，嘴及脚为褐灰色。

黑鹳分布于新疆、青海、甘肃、内蒙古、辽宁、陕西、山西、河南、河北等地；在长江以南越冬；近年来郑州黄河湿地多次发现越冬黑鹳。

白头鹤 *Grus monacha*

大型涉禽，国家一级保护动物，世界易危物种。体形娇小，体长约95厘米，站立高度约100厘米。头部及颈部覆盖雪白羽毛，颈部以下羽毛黑色；颁布、前额点缀细密黑色绒毛。白头鹤在保护区有少量越冬种群，多与灰鹤混群栖息。

灰鹤 *Grus grus*

大型涉禽，国家二级保护动物。略大于白头鹤，略小于白枕鹤，全长约110厘米；全体灰色，头顶裸出部分红色，两颊至颈侧灰白色，喉、前颈和后颈灰黑色；初级飞羽和次级飞羽黑色。成鸟两性相似，雌鹤略小。

国内分布于新疆、内蒙古、黑龙江、青海、甘肃、宁夏和四川等地。保护区内常年栖息千只以上越冬种群。

大天鹅 *Cygnus cygnus*

　　国家二级保护动物。体长120～160厘米，翼展218～243厘米，体重8～12千克，寿命8年。全身的羽毛均为雪白的颜色，大小类似疣鼻天鹅，但也有明显差异。大天鹅有黄色和黑色的嘴，只有头部和嘴的基部略显棕黄色，嘴的端部和脚为黑色，虹膜为褐色。身体肥胖而丰满，脖子的长度是鸟类中占身体长度比例最大的，甚至超过了身体的长度。腿部较短，脚上有黑色的蹼。

　　国内分布于北京、河北、山西、内蒙古、辽宁、吉林、黑龙江、上海、山东、河南、湖南、四川、云南、陕西、甘肃、青海、宁夏、新疆、台湾、香港等地。保护区内较常见。

小天鹅 *Cygnus columbianus*

国家二级保护动物。全长约110厘米。体重4～7千克，雌鸟略小。体羽洁白，头部稍带棕黄色。它与大天鹅在体形上非常相似，身体只是稍小一些，颈部和嘴比大天鹅略短。最容易区分它们的方法是比较嘴基部的黄颜色的大小，大天鹅嘴基的黄色延伸到鼻孔以下，而小天鹅黄色仅限于嘴基的两侧，沿嘴缘不延伸到鼻孔以下。

我国境内多分布于东北三省、内蒙古、新疆北部及华北一带，南方越冬，偶见于台湾。保护区内常见。

白琵鹭 *Platalea leucorodia*

大型涉禽，国家二级保护动物。白琵鹭体长为70~95厘米，体重2千克左右。黑色的嘴长直而上下扁平，前端为黄色，并且扩大形成铲状或匙状，很像一把琵琶，十分有趣。虹膜为暗黄色。黑色的脚也比较长。夏季全身的羽毛均为白色，后枕部具有长的橙黄色发丝状冠羽，颜色为澄黄色，前颈下部具橙黄色颈环，额部和上喉部裸露无羽，颜色为橙黄色。夏季繁殖于新疆西北部天山至东北各地，冬季南迁经我国中部至云南、东南沿海省份、台湾及澎湖列岛。保护区内常见。

红隼 *Falco tinnunculus*

　　小型猛禽。雄鸟头顶、后颈、颈侧蓝灰色，具黑褐色羽干纹，额基、眼先和眉纹棕白色，耳羽灰色，髭纹灰黑色，背、肩及上覆羽砖红色，各羽具三角形黑褐色横纹，腰和尾上覆羽蓝灰色，尾羽蓝灰色，具黑褐色横斑及宽阔的黑褐色次端斑，下体棕白色，颏近白色，上胸和两胁具褐色三角形斑纹及纵纹，下腹黑褐色纵纹逐渐减少，覆腿羽和尾下覆羽黄白色，尾下面银灰色。在国外分布于欧洲，非洲，亚洲东北部以及也门、印度、日本、菲律宾等地；在我国几乎遍布全国各地。保护区内有少量分布。

水雉 *Hydrophasianuschirurgus*

　　水雉是水雉科的一种。体型略大（33厘米）、尾特长的深褐色及白色水雉。飞行时白色翼明显。非繁殖羽头顶、背及胸上横斑灰褐色；颏、前颈、眉、喉及腹部白色；两翼近白。黑色的贯眼纹下延至颈侧，下枕部金黄色。初级飞羽羽尖特长，形状奇特。国内分布于云南、四川、广西、广东、福建、浙江、江苏、江西、湖南、湖北、香港、台湾和海南等长江流域和东南沿海省份，有时亦向北扩展到山西、河南、河北等省份。保护区内有少量分布。

小䴙䴘 *Tachybaptus ruficollis*

　　小䴙䴘是䴙䴘目䴙䴘科的鸟类。体长约56厘米。枕部具黑褐色羽冠；成鸟上颈部具黑褐色杂棕色的皱领，上体黑褐，下体白色。善于游泳和潜水，常潜水取食，以水生昆虫及其幼虫、鱼、虾等为食。通常单独或成分散小群活动。繁殖时在水上相互追逐并发出叫声，有占据一定地盘的习性。繁殖期在沼泽、池塘、湖泊中丛生的芦苇、灯心草、香蒲等地营巢，每窝产卵4～7枚，卵形钝圆，污白色，雌雄轮流孵卵。

长耳鸮 *Asio otus*

中等体形鸮类，体长约35～40厘米。上体以棕褐色为基色，具黑色棕斑，下体色较浅，以黄褐色为基色，具较细弱的黑色纵斑；双足被羽，直至足趾。

在我国，长耳鸮除了在青海西宁、新疆喀什和天山等少数地区为留鸟外，在其他大部分地区均为候鸟，其中在黑龙江、吉林、辽宁、内蒙古东部、河北东北部等地为夏候鸟，而从河北、北京往南，直至西藏、广东，以及东南沿海各地均为冬候鸟。保护区较常见，冬季可见100只左右大群。

短耳鸮 *Asio flammeus*

  体长35～38厘米，体重326～450克。体形与长耳鸮很相似，但耳羽簇比长耳鸮短得多，很不明显，黑褐色，具棕色羽缘。面盘显著，眼周黑色，眼先及内侧眉斑白色，面盘余部棕黄色而杂以黑色羽干纹。皱领白色。上体为棕黄色，有黑色和皮黄色的斑点及条纹，下体为棕黄色，具黑色的羽干纹，但羽干纹不分支形成横斑。跗跖和趾被羽为棕黄色。虹膜金黄色，嘴和爪黑色。

  在国外分布于欧洲、非洲北部、北美洲、南美洲、大洋洲和亚洲的大部分地区；在我国繁殖于内蒙古东部、黑龙江和辽宁，越冬时几乎见于全国各地。保护区内常见。

第七章 | 植物资源

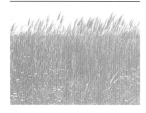

一、植物种类

郑州黄河湿地省级自然保护区内共有维管束植物80科284属598种。常见的优势植物种类主要有：二叶朝天委陵菜、假苇拂子茅、稗、光头稗、双穗雀稗、短裂苦苣菜、加拿大蓬、野大豆、大豆、婆婆针、旋鳞莎草、打碗花、异型莎草、朝天委陵菜、柽柳、毛马唐、水芹、沼生蔊菜、烟台飘拂草、狗牙根、丝茅、香丝草、无芒稗、聚穗莎草、芦苇、紫苜蓿、节节草、荆三棱、莎草、藜、褐穗莎草、画眉草、酸模叶蓼、醴肠、金色狗尾草、钻形紫苑、香蒲、齿果酸模等。

在598种植物中，木本植物有38种，草本植物560种。按植物生境分，水生植物种类有18科41种，陆生植物共有62科557种。

雀麦

丝茅

乳菊　田旋花

齿果酸模

野西瓜苗

莲　柽柳

长柔毛野豌豆

刺果甘草

香蒲

欧亚悬覆花

水生植物

是湿地植物的主要类群。能够长期生活于水域中，生理上依附于水环境、至少部分生殖周期发生在水中或水表面。

皱叶酸模

二、群落类型

郑州黄河湿地省级自然保护区的自然植物群落类型多样，有灌木群落和草本植物群落，主要有：①柽柳、假苇拂子茅灌草丛群落，以柽柳灌木、假苇拂子茅草本为建群种的群落；②柽柳、加拿大蓬＋无芒稗灌草丛群落，以柽柳灌木为建群种、加拿大蓬与无芒稗为优势种的灌草群落；③芦苇群落，以芦苇为建群种的单优草本植物群落；④芦苇、香蒲植物群落，芦苇占群落上层、香蒲伴生的草本植物群落；⑤假苇拂子茅群落，以假苇拂子茅为优势种的草本植物群落；⑥野大豆群落，以野大豆为优势的草本植物群落；⑦酸模叶蓼、莎草群落，以酸模叶蓼、莎草群落为优势种的草本植物群落；⑧金狗尾草群落，以金狗尾草为优势种的草植

柽柳假苇拂子茅群落

芦苇香蒲植物群落

芦苇香蒲群落

狗牙根群落

物群落；⑨短裂苦苣菜、金狗尾草、狗牙根群落；⑩莎草群落，多种莎草（如旋鳞莎草、褐穗莎草、聚穗莎草等）共同形成的草本群落；⑪狗牙根群落，以狗牙根占绝对优势的草本植物群落；⑫加拿大蓬、毛马唐群落，主要在河滩农田弃耕后形成；⑬加拿大蓬群落，以加拿大蓬为优势的草本植物群落，主要是在农田弃耕后形成；⑭金色狗尾草、紫苜蓿群落；⑮荻群落，以荻为单优的草本植物群落；⑯丝茅群落，以丝茅为单优的草本植物群落；⑰丝茅、香蒲群落，以丝茅、香蒲为优势种的草本植物群落；⑱无芒稗群落，弃耕地形成的草本植物群落；⑲双穗雀稗群落，主要在弃耕地形成的草本植物群落。

荻

无芒稗群落

丝茅群落

香蒲群落

黄河中下游湿地区

包括黄河中下游地区及海河流域，以河流为主，分布着许多沼泽、古河道、河间带、河口三角洲等湿地。

泥炭

泥炭是有机矿产资源，富含有机质和植物生长所需要的营养元素。

湿地的碳汇作用

湿地是重要的"储碳库"和"吸碳器"，是气候变化的"缓冲器"。占全球陆地总面积6%的湿地储存的碳总量约为7700亿吨，占陆地生态系统碳储量的35%。

三、典型植物

野大豆 *Glycine soja*

  野大豆，国家二级保护植物，在郑州黄河湿地有大量分布。属一年生草本，茎缠绕、细弱，疏生黄褐色长硬毛。叶为羽状复叶，具3小叶；小叶卵圆形 、卵状椭圆形或卵状披针形；种子间缢缩，含3粒种子；种子长圆形、椭圆形或近球形或稍扁。野大豆具有许多优良性状，如耐盐碱、抗寒、抗病等，与大豆是近缘种，在农业育种上可利用野大豆进一步培育优良的大豆品种，是重要的物种种质资源。

柽柳 *Tamarix chinensis*

柽柳属柽柳科落叶灌木或小乔木，种类繁多，形态及分布各异。叶互生，披针形，鳞片状，小而密生，呈浅蓝绿色。小枝下垂，纤细如丝，婀娜可爱。柽柳将根深深地扎在荒滩上，每年的3月中下旬至4月初开始萌发生长，一丛丛枝条上缀满鹅黄芽苞，舒展开来，便是其青翠的针叶。花小而密，呈粉紫色，妆扮着黄河滩区。

荻 *Triarrhena saccharifloras*

多年生草本植物。形状像芦苇，地下茎蔓延，叶子长形，紫色花穗，生长在水边，在郑州黄河湿地分布极广。每到秋季，一片片芦荻花开，远远望去，如同白云漫滩，尽显黄河苍凉壮阔之美。

香蒲 *Typha orientalis*

　　香蒲为多年生落叶、宿根性挺水型的单子叶植物。又名蒲草、蒲菜。因其穗状花序呈蜡烛状，故又称水烛。初春，香蒲便发芽，并抽出厚实的剑叶。夏天，浓密的香蒲，便成了水鸟戏水的欢乐水域。秋天，香蒲叶丛间伸出一根根黄褐色蒲棒。冬季，蒲草又为从远方来郑州黄河湿地越冬的候鸟们提供了良好的栖息场所。

丝茅 *Imperata koenigii*

多年生草本，春季先开花，后生叶子，花穗上密生白毛。株高25～80厘米，须根。是优良的地被植物，适应性强，适用于护堤固坡，耐寒，抗热，对土壤要求不严，也耐瘠薄。春末夏初，一片片丝茅争相绽放出簇簇白花，随风摇曳，把黄河湿地笼罩在一片如梦似幻之中。

芦苇 *Phragmites australis*

　　多年水生或湿生的高大禾草，多生于低湿地或浅水中。夏秋开花，圆锥花序，顶生，疏散，长10～40厘米，稍下垂，小穗含4～7朵花，雌雄同株，花序长约15～25厘米，小穗长1.4厘米，为白绿色或褐色，花序最下方的小穗为雄，其余均雌雄同花，花期为8～12月。芦苇的果实为颖果，披针形，顶端有宿存花柱。

第四篇

保护与建设

落日的金色晚霞与广阔的郑州黄河湿地相映成趣，互融互通。
走进湿地，远离都市的喧嚣，一洗尘世的浮华。
听虫鸣蝉唱，看鹤飞蝶舞，黄河像一架竖琴，弹奏着和谐乐章。
心灵净化得如同一汪碧水，感受的是自然的伟大与永恒，领悟的是万物和谐之真谛。

第八章 | 科学规划 依法管理

  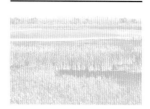 

郑州黄河湿地省级自然保护区管理中心成立以来，按照"加快基础建设，加快保护立法，加强宣传力度，加强基础建设"的指导思想和"抢救性保护，保护性利用"的原则，于2006年12月编制完成《河南郑州黄河湿地自然保护区总体规划》、《郑州黄河湿地自然保护区湿地恢复与保护工程建设可行性研究报告》；2009年12月完成《郑州黄河湿地自然保护区详细规划》编制工作，详细规划包括功能区划、保护恢复、科研宣传等十个方面。

湿地法规

是湿地保护、管理的法律依据。涉及湿地保护、管理、利用等不同方面。

中国候鸟保护协定

有《中日候鸟保护协定》、《中澳候鸟保护协定》等，主旨为双方共同保护管理迁徙于两国之间并季节性栖息于两国的候鸟。

湿地国际

是湿地保护的重要国际组织。1996年湿地国际中国办事处在北京成立。中国国家林业局于2001年加入湿地国际，成为其政府部门会员。

　　2008年11月19日，国家林业局批复同意郑州市开展建设《郑州黄河国家湿地公园》试点。郑州黄河国家湿地公园总面积1359公顷，规划建设期为2009～2018年，是河南省第一家国家湿地公园。

　　2008年郑州市委、市政府把黄河湿地保护纳入生态郑州建设，与森林生态城、生态水系并列为生态郑州重点建设工程，湿地保护是郑州跨越式发展新三年行动计划的重要一环，投资实施了保护区界桩、宣传警示牌及管理中心、郑州黄河国家湿地公园等工程，启动了各类各级管理站、点等配套设施建设。

救治灰鹤

救治灰鹤

　　2009年，郑州市委、市政府把黄河湿地保护纳入市委市政府投资启动建设各类管理站、点等配套设施。

　　郑州市委、市政府高度重视黄河湿地保护工作，为加强郑州黄河湿地自然保护区依法管理，2008年5月8日郑州市政府第105次常务会议审议通过《郑州黄河湿地自然保护区管理办法》，并以郑州市人民政府令第175号发布，2008年8月1日起施行。

界碑

湿地文化

湿地文化的特征涵盖音乐、艺术、文学等各个方面，主要体现在历史文化、旅游文化、出版文化等不同方面。

湿地公园

由国家或地方湿地主管部门批准设立。有物种及其栖息地保护、生态旅游、生态环境教育功能，是中国国家湿地保护体系的重要组成部分。

管理中心办公楼

第九章 | 科研宣教

  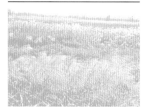 

郑州黄河湿地省级自然保护区管理中心高度重视黄河湿地保护的宣传工作，央视十套和河南电视台制作的《追寻黑色精灵》获2008年度广电总局科普影视奖一等奖。《郑州黄河湿地自然保护区宣传台历》获2007年度郑州市委宣传部外宣品优秀奖。

2009年12月开通了郑州黄河湿地自然保护区网站。

郑州黄河湿地省级自然保护区管理中心在国际湿地日、爱鸟周活动中通过深入社区和学校利用图片展、保护湿地知识讲座等活动展开宣传。

与自然之友等环保组织通过观鸟以及在学校联合开展了环境保护知识教育活动。

"湿地使者行动"

"湿地使者行动"是世界自然基金会为提高公众湿地保护意识而开展的公益宣传活动，旨在发动和组织大学生环保社团和环保爱好者，开展湿地保护和宣传工作。

世界湿地日

1996年3月《湿地公约》常务委员会第19次会议决定，从1997年起，将每年的2月2日定为"世界湿地日"。

爱鸟周

从1982年开始，国务院决定在每年的4~5月初(具体时间由各省、自治区、直辖市规定)确定一个星期为"爱鸟周"。

自然之友

观鸟活动

央视十套湿地录制

与郑州大学联合开展
环境教育活动

湿地观鸟

认识鸟类的最好途径之一就
是去野外观鸟。观鸟能够陶
冶情操，激发我们对大自然
的热爱之情。

观鸟技巧

观鸟要记录鸟的特征，大小
与形状、色彩与斑纹、特定
行为时的形态、鸣叫声、栖
息场所、出现时间等。

鸟类环志

是利用带有全国鸟类环志中
心通讯地址和唯一编号的特
殊金属环或彩色塑料环将鸟
类个体标记，通过观察及回
收记录研究鸟类迁徙信息等
的一种方法。

历年湿地日主题

1997 年：湿地是生命之源
  （Wetlands : a Source of Life）

1998 年：湿地之水，水之湿地
  （Water for Wetlands, Wetlands for Water）

1999 年：人与湿地，息息相关
  （People and Wetlands :the Vital Link）

2000 年：珍惜我们共同的国际重要湿地
  （Celebrating Our Wetlands of International Importance）

2001 年：湿地世界——有待探索的世界
  （Wetlands World-A World to Discover）

2002 年：湿地：水、生命和文化
  （Wetlands : Water,Life,and Culture）

2003 年：没有湿地　就没有水
  （No Wetlands - No Water）

2004 年：从高山到海洋，湿地在为人类服务
  （From the Mountains to the Sea,Wetlands at Work for Us）

2005 年：湿地生物多样性和文化多样性
  （Culture and Biological Diversities of Wetlands）

2006 年：湿地与减贫
  （Wetland as a Tool in Poverty Alleviation）

2007 年：湿地与鱼类
  （Wetlands and Fisheries）

2008 年：健康的湿地，健康的人类
  （Healthy Wetland, Healthy People）

2009 年：从上游到下游，湿地连着你和我
  （Upstream-Downstream: Wetlands connect us all）

2010 年：湿地、生物多样性与气候变化
  （Wetlands, Biodiversity and Climate Change）

2008 年 1 月 24～25 日湿地国际驻中国办事处主任陈克林（右二）视察郑州黄河湿地自然保护区

2008 年 6 月 17 日中国科学院动物研究所何宏轩研究院、美国鸟类生态学家 Owen 博士、Caudell 博士考察郑州黄河湿地自然保护区

2008 年 6 月 5 日德国鸟类学家 Martens 博士考察郑州黄河湿地自然保护区

灰鹤

郑州黄河湿地省级自然保护区成立以来,开展了资源监测,对国家一级保护动物大鸨、白头鹤、东方白鹳、猎隼、黑鹳,珍稀鸟种黑天鹅、白颊黑雁、白枕鹤、卷羽鹈鹕及灰鹤、白额雁、白琵鹭、大天鹅等进行了系统监测,掌握了迁徙越冬及其栖息规律。

2009年7月16,国际鸟类保护联盟将郑州黄河湿地列入"中国重点鸟区名录"。

2009年3月和2010年4月, 郑州黄河湿地省级自然保护区分别在国际和全国大鸨保护网络会议上,交流了"郑州黄河湿地大鸨越冬情况及保护对策"论文,引起国家林业局及国内外鸟类保护组织的高度重视。

湿地国际中国办事处陈克林主任,中国科学院植物生态研究中心主任董鸣,中国科学院动物形容所首席研究员何宏轩,第十届中国科协年会的生态学家及德国鸟类专家Martens博士,美国生态保护及鸟类专家Owen博士、Caudell博士,国内著名湿地专家陆健健、吕宪国等都多次到郑州进行考察和学术交流。郑州大学、河南农业大学、河南省教育学院和郑州师专、郑州动物园、河南省野生动物救护中心等科研单位和院校更是把郑州黄河湿地作为学术研讨和科普教育基地,开展了多次湿地知识专题讲座。

附 录

附录 1　郑州黄河湿地主要自然植被类型

一、浅水湿地植物型组		
Ⅰ. 漂浮植物型	紫萍群系 浮萍群系	苦菜、水蝥群系 凤眼莲群系
Ⅱ. 浮叶植物型	睡莲群系 莲群系 眼子菜群系	野慈菇群系 空心莲子草群系
Ⅲ. 沉水植物型	菹草群系 竹叶眼子菜群系 微齿眼子菜群系 茨藻群系 金鱼藻－黑藻群系	轮叶孤尾藻群系 穗状孤尾藻群系 狸藻群系 轮藻群系 角果藻群系
二、沼泽湿地植物型组		
草丛沼泽植物型	庐山薹草群系 荆三棱群系 芦苇群系 香蒲群系 狭叶香蒲群系 灯心草群系 酸模叶蓼群系 荻群系 假苇拂子茅群系	白茅群系 青绿苔草群系 日本苔草群系 莎草群系 聚穗莎草－旋鳞莎草－异型莎草群系 狗牙根群系 钻形紫苑群系 兴安胡枝子－虫实群系 无芒稗群系
三、盐沼植物型组		
Ⅰ. 灌丛盐沼	柽柳群系	
Ⅱ. 草丛盐沼	碱蓬群系 碱茅群系 硬草群系	

附录2 郑州黄河湿地主要优势植物名录

中文学名	拉丁学名	中文学名	拉丁学名
野大豆	*Glycine soja*	假苇拂子茅	*Calamagrostis pseudophragmites*
柽柳	*Tamarix chinensis*	香蒲	*Typha orientalis*
荻	*Triarrhena sacchariflcras*	芦苇	*Phragmites australis*
双穗雀稗	*Paspalum paspaloides*	紫苜蓿	*Medicago satira*
无芒稗	*Echinochloa crusgalli var. mitis*	节节草	*Equisetum ramosissimum*
短裂苦苣菜	*Sonchus uliginosus*	荆三棱	*Scirpus yagara*
莎草	*Cyperus rotundus*	光头稗	*Echinochloa colona*
旋鳞莎草	*Cyperus michelianus*	婆婆针	*Bidens bipinnata*
褐穗莎草	*Cyperus fuscus*	藜	*Chenopodium album*
聚穗莎草	*Cyperus glomeratus*	打碗花	*Calystegia hederacea*
异型莎草	*Cyperus difformis*	画眉草	*Eragrostis pilosa*
酸模叶蓼	*Polygonum lapathifolium*	加拿大蓬	*Conyza canadensis*
朝天委陵草	*Potentilla supina*	醴肠	*Eclipta prostrata*
稗	*Echinochloa crusgalli*	三叶朝天委陵菜	*Potentilla supina var. ternata*
毛马唐	*Digitaria chrysoblephara*	香丝草	*Conyza bonariensis*
水芹	*Oenanthe javanica*	金色狗尾草	*Setaria glauca*
沼生蔊菜	*Rorippa islandica*	钻形紫苑	*Aster subulatus*
烟台飘拂草	*Fimbristylis stauntonii*	拟漆菇草	*Spergularia salina*
狗牙根	*Cynodon dactylon*	鹅绒藤	*Cynanchum chinense*
丝茅	*Imperata koenigii*	齿果酸模	*Rumex dentatus*

附录3 郑州黄河湿地主要水鸟名录

中文学名	拉丁学名	保护等级	中文学名	拉丁学名	保护等级
大鸨	*Otis tarda*	I	大白鹭	*Casmerodius albus*	
黑鹳	*Ciconia nigra*	I	中白鹭	*Egretta intermedia*	
东方白鹳	*Ciconia boyciana*	I	夜鹭	*Nycticorax nycticorax*	
白头鹤	*Grus monacha*	I	池鹭	*Ardeola bacchus*	
白枕鹤	*Grus vipio*	II	鹗	*Pandion haliaetus*	
灰鹤	*Grus gru*	II	红隼	*Falco tinnunculus*	
大天鹅	*Cygnus cygnus*	II	阿穆尔隼	*Falco amurebsis*	
小天鹅	*Cygnus columbianus*	II	长耳鸮	*Asio otus*	
豆雁	*Anser fabalis*		短耳鸮	*Asio flammeus*	
灰雁	*Anser anser*		银鸥	*Larus argentatus*	
赤麻鸭	*Tadorna ferruginea*		海鸥	*Larus canus*	
绿头鸭	*Anas platyrhynchos*		白腰草鹬	*Tringa ochropus*	
绿翅鸭	*Anas crecca*		青脚鹬	*Tringa nebularia*	
斑嘴鸭	*Anas poecilorhyncha*		黑翅长脚鹬	*Himantopus himantopus*	
白秋沙鸭	*Mergellus albellus*		灰头麦鸡	*Vanellus cinereus*	
普通秋沙鸭	*Mergus merganser*		黑水鸡	*Gallinula chloropus*	
普通鸬鹚	*Phalacrocorax carbo*		骨顶鸡	*Fulica atra*	
白琵鹭	*Platalea leucorodia*	II	小鸊鷉	*Tachybapus ruficollis*	
牛背鹭	*Bubulcus ibis*		金眶鸻	*Charadrius dubius*	
苍鹭	*Ardea cinerea*				

参考文献

1.赵学敏.湿地——人与自然和谐共存的家园:中国湿地保护.北京:中国林业出版社,2005.

2.郑光美,张词祖.中国野鸟.北京:中国林业出版社,2002.

3.马敬能,菲力普斯,何芬奇等.中国鸟类野外手册.湖南:湖南教育出版社,2000.

4.《中国湿地百科全书》编辑委员会.中国湿地百科全书.北京:科学技术出版社,2009.

5.洪剑明,王瑾.湿地知识与科技探索活动.北京:中国林业出版社,2009.

6.刘子刚,马学慧.中国湿地概览.北京:中国林业出版社,2008.

7.河南省林业厅野生动植物保护处.河南黄河湿地科学考察集.北京:中国环境科学出版社,2001.

8.史广敏等.郑州林业志.河南:中州古籍出版社,2009.

9.阴三军,卓卫华,邢铁牛,李灵军.河南湿地.河南:黄河水利出版社,1997.